So wird's gemacht!

Öffne das LÜK®-Kontrollgerät und lege die Plättchen in den unbedruckten Deckel. Jetzt siehst du auf den Plättchen und auf dem Geräteboden die Zahlen 1. bis 24..

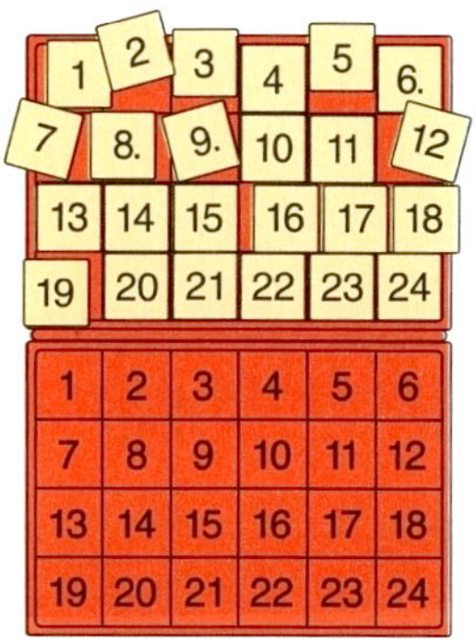

Schließe dann das Gerät und drehe es um. Öffne es von der Rückseite. Wenn du das bei der Übungsreihe abgebildete Lösungsmuster siehst, hast du alle Aufgaben richtig gelöst.

Beispiel: Seite 2

Nimm Plättchen 1. und sieh dir Aufgabe 1. an:

$5 \cdot 70 =$

Das Ergebnis ist **350**.

Lege also Plättchen 1. mit der Zahl nach oben auf das Feld mit der Ziffer **17** im Kontrollgerät.

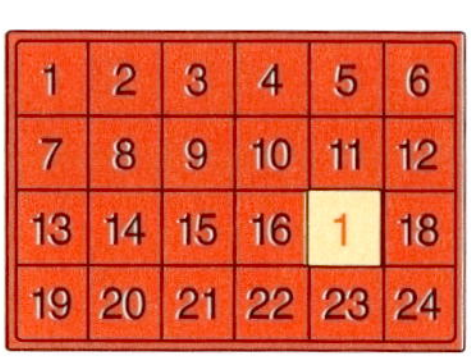

So arbeitest du weiter, bis alle Plättchen im Geräteboden liegen.

Passen einige Plättchen nicht in das Muster, dann hast du dort Fehler gemacht. Drehe diese Plättchen da, wo sie liegen um und öffne es wieder. Jetzt kannst du sehen, welche Aufgaben du falsch gelöst hast. Nimm diese Plättchen heraus und suche die richtigen Ergebnisse. Kontrolliere dann noch einmal. Stimmt jetzt das Muster?

Das System ist für alle Übungen gleich: Die roten Aufgabenziffern im Heft entsprechen immer den LÜK-Plättchen aus dem Kontrollgerät. Die Feldzahlen bei den Lösungen sagen dir, auf welche Felder im Kontrollgerät die Plättchen gelegt werden müssen.

2

Das 1x1 mit Zehnerzahlen

			Lösung	Feld
			100	7
1	5 · 70	=	180	14
2	7 · 90	=	210	12
3	6 · 30	=	320	8
4	9 · 60	=	350	17
5	5 · 20	=	480	10
6	6 · 80	=	540	6
			630	9
			90	23
7	7 · 50	=	120	6
8	9 · 10	=	240	12
9	7 · 80	=	280	4
10	6 · 70	=	350	3
11	4 · 60	=	380	19
12	7 · 40	=	420	20
			560	1
			2	16
13	270 : 30	=	3	18
14	80 : 20	=	4	21
15	320 : 40	=	5	2
16	180 : 60	=	6	15
17	420 : 70	=	7	22
18	450 : 90	=	8	13
			9	5
			2	23
19	270 : 90	=	3	16
20	180 : 20	=	4	21
21	250 : 50	=	5	19
22	120 : 20	=	6	22
23	560 : 70	=	7	8
24	420 : 60	=	8	24
			9	11

3 Kleine Meisterschaft

ANTWORT = FELDZAHL

Nr.	Aufgabe	
1	420 : 60	=
2	270 : 30	=
3	200 : 50 + 20	=
4	900 : 90 + 10	=
5	350 : 50 + 10	=
6	160 : 80 + 20	=
7	350 : 70 + 10	=
8	120 : 40 + 10	=
9	160 : 20 + 3	=
10	540 : 90	=
11	140 : 70	=
12	120 : 30	=
13	720 : 80 + 10	=
14	50 : 50 + 20	=
15	210 : 70 + 20	=
16	480 : 60	=
17	270 : 90	=
18	40 : 20 + 10	=
19	240 : 40 + 10	=
20	90 : 30 − 2	=
21	250 : 50	=
22	600 : 60	=
23	320 : 80 + 10	=
24	720 : 90 + 10	=

Nr.	Aufgabe		Ergebnis
1	210 : 30	=	
2	? · 40	=	360
3	540 : ?	=	9
4	? · 80	=	640
5	? · 80	=	400
6	350 : 70 + 450 : 90	=	
7	150 : 50	=	
8	480 : 80 − 5	=	
9	5 · 20 + 420 : 60	=	
10	120 : ?	=	4
11	? · 30	=	60
12	5 · 40 − 100	=	
13	630 : 70 + 900 : 90	=	
14	80 : 80 + 20	=	
15	4 · 30 − 1	=	
16	180 : ?	=	9
17	630 : 90 + 320 : 40	=	
18	6 · 20	=	
19	280 : ?	=	7
20	420 : 60 + 300 : 50	=	
21	360 : 40 + 720 : 90	=	
22	6 · ?	=	420
23	490 : 70 + 210 : 30	=	
24	810 : 90 + 720 : 80	=	

4

Das Einmaleins der 11 und 12

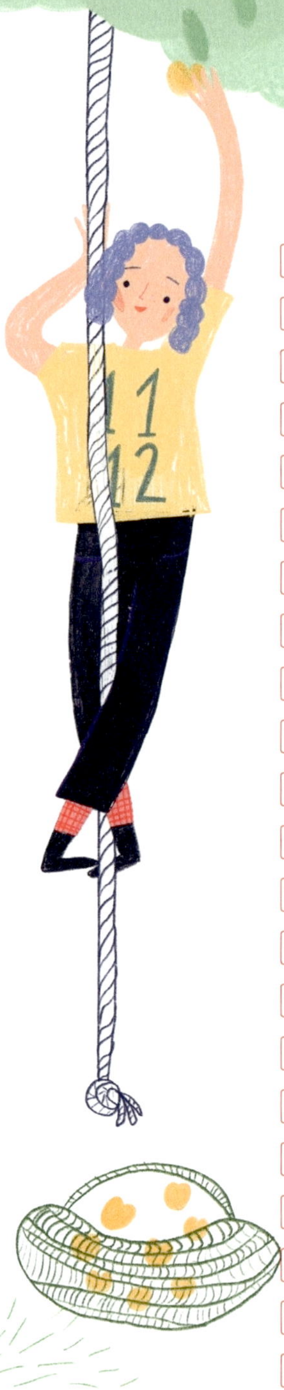

1	6 · 11 – 9 =
2	6 · 11 – 7 =
3	8 · 11 – 8 =
4	7 · 11 + 5 =
5	6 · 11 + 7 =
6	7 · 11 + 7 =
7	9 · 11 + 2 =
8	7 · 11 – 2 =
9	3 · 11 – 2 =
10	5 · 11 – 5 =
11	3 · 11 – 5 =
12	2 · 11 + 8 =
13	4 · 11 + 1 =
14	7 · 11 – 6 =
15	9 · 11 – 8 =
16	6 · 11 + 4 =
17	8 · 11 + 1 =
18	10 · 11 + 6 =
19	4 · 11 – 2 =
20	2 · 11 – 7 =
21	8 · 11 – 3 =
22	5 · 11 – 7 =
23	3 · 11 + 7 =
24	4 · 11 – 6 =

1	2 · 12 – 5 =
2	9 · 12 + 5 =
3	4 · 12 + 9 =
4	6 · 12 – 10 =
5	7 · 12 – 8 =
6	4 · 12 =
7	5 · 12 – 7 =
8	3 · 12 + 1 =
9	8 · 12 + 10 =
10	6 · 12 + 3 =
11	6 · 12 + 2 =
12	7 · 12 + 6 =
13	4 · 12 + 7 =
14	8 · 12 – 1 =
15	10 · 12 – 2 =
16	2 · 12 – 4 =
17	5 · 12 – 1 =
18	7 · 12 + 9 =
19	3 · 12 – 6 =
20	6 · 12 + 1 =
21	3 · 12 + 4 =
22	7 · 12 =
23	8 · 12 + 8 =
24	9 · 12 + 3 =

ANTWORT IST DIE FELDZAHL

5

1 99 : 11 − 4 =

2 77 : 11 + 6 =

3 55 : 11 + 11 =

4 33 : 11 + 15 =

5 88 : 11 − 5 =

6 22 : 11 =

7 44 : 11 + 15 =

8 110 : 11 + 1 =

9 66 : 11 + 9 =

10 99 : 11 − 5 =

11 55 : 11 + 19 =

12 88 : 11 =

13 77 : 11 + 10 =

14 11 : 11 =

15 66 : 11 + 15 =

16 99 : 11 − 3 =

17 33 : 11 + 4 =

18 110 : 11 + 12 =

19 88 : 11 + 12 =

20 77 : 11 + 16 =

21 99 : 11 =

22 66 : 11 + 8 =

23 44 : 11 + 8 =

24 55 : 11 + 5 =

Kannst du es auch anders?

1 48 : 12 + 15 =

2 108 : 12 + 12 =

3 72 : 12 + 18 =

4 96 : 12 =

5 60 : 12 =

6 60 : 12 + 17 =

7 60 : 12 + 10 =

8 36 : 12 + 10 =

9 12 : 12 + 10 =

10 96 : 12 + 10 =

11 24 : 12 =

12 36 : 12 + 13 =

13 84 : 12 =

14 108 : 12 =

15 72 : 12 + 17 =

16 120 : 12 + 10 =

17 36 : 12 =

18 84 : 12 + 5 =

19 48 : 12 =

20 12 : 12 =

21 108 : 12 + 8 =

22 84 : 12 + 3 =

23 96 : 12 + 6 =

24 72 : 12 =

6

Auch hier hilft dir das Einmaleins

ANTWORT = FELDZAHL

1 Im Schullandheim sind 77 Kinder. Die Kinder schlafen in 11 gleich großen Zimmern. Wie viele Kinder schlafen in einem Zimmer?

2 Wie oft ist 11 in 121 enthalten?

3 Jane hat 9 mal im Monat Fußballtraining. Dieses Jahr war sie 2 mal wegen Krankheit abwesend. Wie oft war sie dieses Jahr beim Training?

4 Ein Urgroßvater hat 12 Urenkelinnen und Urenkel. Zu Weihnachten schenkt er ihnen insgesamt 96€. Wie viel Euro bekommt jedes Kind?

5 Frau Rauch möchte 36 Flaschen Limo kaufen.
Die Limo wird in Kästen von je 12 Flaschen verkauft.
Wie viele Kästen muss sie kaufen?

6 Mara malt Bilder in ihr Heft. In jedes Heft passen 12 Bilder.
Wie viele Bilder kann Mara in 9 Hefte malen?

7 Wie viel Dutzend sind 60 Stück?

8 12 Freundinnen wollen für ein Geburtstagskind ein Geschenk kaufen.
Jede zahlt 8€. Das Geschenk kostet 97€. Wie viel Euro fehlen noch?

9 Auf einer Geburtstagsfeier werden 99 Bonbons an 11 Kinder verteilt.
Wie viele Bonbons bekommt jedes Kind?

10 Der kleine Zeiger der Uhr braucht 12 Stunden, um einmal im Kreis zu wandern. Wieviel mal wandert er in 48 Stunden im Kreis?

11 Zoe hat 24€. Sie möchte Comics für je 12€ kaufen. Wie viele Comics bekommt Zoe?

12 Miris Mutter möchte für die Party ihrer Tochter 72 Mini-Muffins kaufen.
In einer Schachtel sind 12 Muffins. Wie viele Schachteln muss sie kaufen?

13 Sina hat 6 Freundinnen. Sie schenkt jeder Freundin 11 Kaugummis. 1 Kaugummi behält sie selbst. Wie viel Kaugummi hatte Sina?

14 Frau Müller verkauft 11 Christbaumanhänger zu je 11€ auf dem Weihnachtsmarkt. Wie viel Euro hat sie in der Kasse, wenn sie für ein warmes Getränk 2€ ausgegeben hat?

15 Saida kauft 11 Comics für je 9€. Als sie bezahlt, bemerkt die Verkäuferin, dass noch 6€ fehlen. Wie viel Euro hat Saida der Verkäuferin gegeben?

16 Daniel hilft seinem Vater bei der Arbeit. Er arbeitet 11 Tage lang je 8 Stunden und einen Tag 4 Stunden. Wie viele Stunden hilft er insgesamt?

17 Jula spart 1 Jahr lang jeden Monat 5€. Zu Weihnachten bekommt sie noch mal 5€. Wie viel Euro besitzt sie am Ende des Jahres?

18 Malte und Madita schenken ihrer Oma zum Geburtstag je 11 Blumen. Wie viele Blumen bekommt die Oma?

19 Alida kauft 11 Kaugummis für je 6 Cent. Wie viel Cent bezahlt Alida?

20 Herr Schulz hat in seinem Geschäft nur noch 1 Stück Seife zu verkaufen. In einer Großhandlung kauft er 7 Packungen Seife zu je 12 Stück. Wie viele Stücke Seife hat Herr Schulz jetzt?

21 Hanno soll für seine Eltern 12 Packungen Schrauben für je 9€ kaufen. Zur Belohnung bekommt er 3€ geschenkt. Wie viel Euro geben die Eltern Hanno?

22 Wie viele Pralinen sind in 2 Packungen mit je 12 Pralinen pro Schachtel?

23 Valentin kauft 11 Packungen Filzstifte. In jeder Packung sind 10 Stifte. Wie viele Stifte kauft Valentin insgesamt?

24 Nika ist 8 Jahre alt. Sein Urgroßvater ist 11 mal so alt wie er. Wie alt ist der Urgroßvater?

Das Einmaleins der 13 und 14

Nr.	Aufgabe	Lösung	Feld
		117	8
1	2 · 13 = 2 · 10 + 2 · 3 =	78	12
2	5 · 13 = 5 · 10 + 5 · 3 =	91	7
3	9 · 13 = 9 · 10 + 9 · 3 =	26	9
4	4 · 13 = 4 · 10 + 4 · 3 =	104	1
5	8 · 13 = 8 · 10 + 8 · 3 =	39	6
6	6 · 13 = 6 · 10 + 6 · 3 =	52	10
		65	11
		130	6
7	3 · 13 = 3 · 10 + 3 · 3 =	26	7
8	7 · 13 = 7 · 10 + 7 · 3 =	78	4
9	2 · 13 = 2 · 10 + 2 · 3 =	117	2
10	9 · 13 = 9 · 10 + 9 · 3 =	91	3
11	6 · 13 = 6 · 10 + 6 · 3 =	52	4
12	10 · 13 = 10 · 10 + 10 · 3 =	39	5
		65	7
		126	20
13	2 · 14 = 2 · 10 + 2 · 4 =	42	19
14	4 · 14 = 4 · 10 + 4 · 4 =	112	17
15	3 · 14 = 3 · 10 + 3 · 4 =	44	16
16	6 · 14 = 6 · 10 + 6 · 4 =	82	24
17	8 · 14 = 8 · 10 + 8 · 4 =	28	21
18	9 · 14 = 9 · 10 + 9 · 4 =	84	22
		56	23
		133	18
19	5 · 14 = 5 · 10 + 5 · 4 =	56	24
20	7 · 14 = 7 · 10 + 7 · 4 =	98	15
21	10 · 14 = 10 · 10 + 10 · 4 =	84	16
22	4 · 14 = 4 · 10 + 4 · 4 =	70	18
23	6 · 14 = 6 · 10 + 6 · 4 =	42	17
24	9 · 14 = 9 · 10 + 9 · 4 =	140	13
		126	14

ANTWORT = FELDZAHL

Nr.	Aufgabe	
1	52 : 13 + 19	=
2	104 : 13 + 11	=
3	130 : 13	=
4	65 : 13 + 19	=
5	39 : 13	=
6	26 : 13 + 18	=
7	91 : 13 + 6	=
8	13 : 13 + 16	=
9	117 : 13	=
10	52 : 13	=
11	104 : 13 + 10	=
12	39 : 13 + 11	=
13	65 : 13 + 6	=
14	91 : 13	=
15	117 : 13 + 12	=
16	52 : 13 + 8	=
17	13 : 13	=
18	78 : 13 + 16	=
19	26 : 13	=
20	65 : 13	=
21	91 : 13 + 8	=
22	104 : 13	=
23	78 : 13	=
24	39 : 13 + 13	=

Nr.	Aufgabe	
1	98 : 14	=
2	42 : 14 + 20	=
3	140 : 14	=
4	112 : 14 + 12	=
5	56 : 14	=
6	28 : 14 + 10	=
7	98 : 14 + 10	=
8	14 : 14	=
9	126 : 14	=
10	42 : 14	=
11	112 : 14 + 6	=
12	84 : 14	=
13	56 : 14 + 15	=
14	126 : 14 + 2	=
15	98 : 14 + 15	=
16	112 : 14	=
17	70 : 14	=
18	84 : 14 + 15	=
19	126 : 14 + 9	=
20	42 : 14 + 10	=
21	140 : 14 + 5	=
22	56 : 14 + 20	=
23	28 : 14	=
24	70 : 14 + 11	=

10

Das Einmaleins der 15

ANTWORT = FELDZAHL

Nr.	Aufgabe
1	$4 \cdot 15 + 5 =$
2	$7 \cdot 15 =$
3	$6 \cdot 15 - 4 =$
4	$2 \cdot 15 =$
5	$8 \cdot 15 - 17 =$
6	$3 \cdot 15 - 11 =$
7	$5 \cdot 15 =$
8	$9 \cdot 15 - 40 =$
9	$7 \cdot 15 - 8 =$
10	$2 \cdot 15 + 14 =$
11	$4 \cdot 15 =$
12	$6 \cdot 15 + 10 =$
13	$9 \cdot 15 - 34 =$
14	$3 \cdot 15 =$
15	$2 \cdot 15 + 7 =$
16	$6 \cdot 15 =$
17	$1 \cdot 15 =$
18	$7 \cdot 15 - 7 =$
19	$5 \cdot 15 + 13 =$
20	$9 \cdot 15 - 100 =$
21	$3 \cdot 15 - 2 =$
22	$6 \cdot 15 + 4 =$
23	$8 \cdot 15 =$
24	$4 \cdot 15 + 20 =$

Nr.	Aufgabe
1	$60 : 15 + 10 =$
2	$75 : 15 + 11 =$
3	$105 : 15 + 10 =$
4	$45 : 15 + 10 =$
5	$90 : 15 =$
6	$135 : 15 + 6 =$
7	$60 : 15 =$
8	$30 : 15 =$
9	$120 : 15 + 10 =$
10	$75 : 15 =$
11	$15 : 15 =$
12	$45 : 15 =$
13	$90 : 15 + 14 =$
14	$30 : 15 + 20 =$
15	$60 : 15 + 20 =$
16	$105 : 15 + 12 =$
17	$150 : 15 =$
18	$45 : 15 + 20 =$
19	$135 : 15 =$
20	$120 : 15 =$
21	$30 : 15 + 10 =$
22	$60 : 15 + 17 =$
23	$105 : 15 =$
24	$135 : 15 + 2 =$

Kleine Meisterschaft

ANTWORT IST DIE FELDZAHL

Nr.	Aufgabe
1	8 · 13 + 9 = ?
2	98 : ? = 14
3	8 · 14 = ?
4	6 · 14 = ?
5	39 : ? = 13
6	98 : 7 = ?
7	105 : 15 – 6 = ?
8	75 : ? = 15
9	150 : 10 = ?
10	56 : ? = 14
11	78 : ? = 13
12	14 · ? = 28
13	9 · 13 + 2 = ?
14	? : 7 = 13
15	? : 3 = 15
16	15 · 6 + 6 = ?
17	117 : 9 = ?
18	5 · 13 + 5 = ?
19	104 : ? = 13
20	8 · 13 + 3 = ?
21	126 : ? = 14
22	8 · 15 – 4 = ?
23	3 · 14 = ?
24	130 : 13 = ?

Nr.	Aufgabe
1	7 · 14 + 11 =
2	3 · 13 =
3	4 · 14 + 10 =
4	26 : 13 =
5	117 : 13 + 2 =
6	8 · 14 =
7	42 : 14 =
8	7 · 13 =
9	70 : 14 =
10	9 · 14 – 6 =
11	104 : 13 =
12	52 : 13 =
13	6 · 15 + 7 =
14	5 · 13 + 4 =
15	5 · 15 – 10 =
16	7 · 15 + 5 =
17	135 : 15 =
18	78 : 13 =
19	140 : 14 =
20	98 : 14 =
21	8 · 15 – 1 =
22	9 · 13 + 1 =
23	8 · 13 + 12 =
24	4 · 15 =

Wie schnell kannst du rechnen?

1. Ein Haus hat 8 Stockwerke. In jedem Stockwerk sind 15 Fenster. Wie viele Fenster hat das Haus?
2. In einem großen Blumenbeet sind 15 Reihen mit je 13 Blumen. Der Gärtner pflanzt noch 65 Blumen dazu. Wie viele Blumenreihen sind jetzt im Beet?
3. Familie Abadi hat 3 Kinder. Jedes bekommt 15€ Taschengeld. Wie viel Euro bekommen sie zusammen?
4. Lieselotte möchte sich ein neues Videospiel kaufen. Im Geschäft sind 4 Regale mit je 14 Spielen und ein Regal mit 15 Spielen. Zwischen wie vielen Videospielen muss sie sich entscheiden?
5. Lisa hat ihrer Tante 3 Tage bei der Arbeit im Garten geholfen. Für jeden Tag bekommt sie 13€ als Belohnung. Wie viel Euro bekommt sie?
6. Wilhelmina möchte an ihrem Geburtstag mit 12 Freundinnen ins Kino gehen. Eine Kinokarte kostet 7€. Wie viel müssen Wilhelminas Eltern für 13 Karten ausgeben?
7. In einem Parkhaus ist Platz für 105 Autos. Auf jedes Deck passen 15 Autos. Wie viele Decks gibt es insgesamt?
8. In einem Stadtteil mit 13 Straßen stehen in jeder Straße 5 Mülleimer. Wie viele Mülleimer befinden sich im gesamten Stadtteil?
9. Oma feiert den 70. Geburtstag. Die 5 Enkelkinder kaufen gemeinsam ein Geschenk. Jedes Enkelkind gibt 14€. Wie viel Euro kostet das Geschenk?
10. Melli hat in den Ferien an 14 Arbeitstagen je 8 Stunden gearbeitet. Wie viele Arbeitsstunden sind das insgesamt?
11. 6 Schülerinnen müssen für eine Fahrt je 14€ bezahlen. Wie viel Euro sind das insgesamt?
12. Im Getränkemarkt gab es 6 Kisten Limonade mit je 12 Flaschen. 10 Flaschen wurden schon verkauft. Wie viele sind noch da?

12

13

13 Bei einem Sportwettbewerb werden die 165 Teilnehmer in 15 Gruppen aufgeteilt. Wie viele Leute sind in einer Gruppe?

14 Herr Demir kauft 5 Bücher für je 15€ und 1 Buch für 10€. Wie viel Euro bezahlt er?

15 Ein Obsthändler verpackt 126 Äpfel. Er legt in jede Kiste 14 Stück. Wie viele Kisten braucht er?

16 Wilhelmina, Dayita und Leon haben je 14€. Wie viel Euro haben sie insgesamt?

17 Janis hat 7 Tage Zeit, um für die Mathearbeit zu üben. Sie rechnet jeden Tag 14 Aufgaben. Wie viele Aufgaben wird sie bis zur Arbeit schaffen?

18 Filip bekommt monatlich 13€ Taschengeld. Er hat 6 Monate lang gespart. Einmal hat er 20€ ausgegeben. Wie viel Euro hat Filip jetzt?

19 In einem Neubaugebiet gibt es 13 Häuser mit je 8 Wohnungen. 7 Wohnungen sind noch nicht bewohnt. Wie viele Wohnungen sind bewohnt?

20 13 Kinder möchten einen Ausflug machen. Die Fahrtkosten betragen insgesamt 78€. Wie viel Euro sind das je Kind?

21 Die Großmutter ist 60 Jahre, ihre Enkelin Sahra 15 Jahre alt. Wievielmal so alt ist die Großmutter?

22 Bente möchte einen Tennisschläger kaufen. Sie spart 5 Monate lang je 15€. Jetzt braucht sie noch 5€. Wie viel Euro kostet der Tennisschläger?

23 Herr Patel kauft Bücher für insgesamt 70€. Jedes Buch kostet 14€. Wie viele Bücher hat Herr Patel eingekauft?

24 In einem Hochhaus mit 15 gleich großen Wohnungen gibt es insgesamt 45 Zimmer. Wie viele Zimmer sind in einer Wohnung?

ANTWORT = FELDZAHL

14

		Lösung	Feld
		50	7
1	2 · 25 =	65	15
2	6 · 25 =	75	22
3	5 · 25 =	100	20
4	4 · 25 =	125	24
5	7 · 25 =	150	9
6	3 · 25 =	165	13
		175	17
		75	15
7	3 · 25 =	85	19
8	5 · 25 =	100	2
9	6 · 25 =	125	13
10	9 · 25 =	150	11
11	4 · 25 =	200	4
12	8 · 25 =	215	21
		225	6
		50	23
13	10 · 25 =	125	12
14	7 · 25 =	135	18
15	2 · 25 =	150	8
16	6 · 25 =	175	21
17	8 · 25 =	185	14
18	5 · 25 =	200	3
		250	19
		100	5
19	9 · 25 =	125	18
20	7 · 25 =	135	13
21	4 · 25 =	150	10
22	6 · 25 =	175	1
23	8 · 25 =	200	14
24	5 · 25 =	225	16
		235	15

Das 1x1 der 25

1	225 : 25	=
2	175 : 25 + 10	=
3	100 : 25 + 10	=
4	250 : 25	=
5	25 : 25	=
6	200 : 25 + 10	=
7	225 : 25 – 4	=
8	75 : 25	=
9	175 : 25 + 6	=
10	50 : 25	=
11	100 : 25	=
12	150 : 25	=
13	150 : 25 + 15	=
14	225 : 25 + 14	=
15	100 : 25 + 15	=
16	200 : 25 + 14	=
17	150 : 25 + 5	=
18	125 : 25 + 15	=
19	50 : 25 + 10	=
20	125 : 25 + 10	=
21	175 : 25	=
22	75 : 25 + 21	=
23	150 : 25 + 10	=
24	200 : 25	=

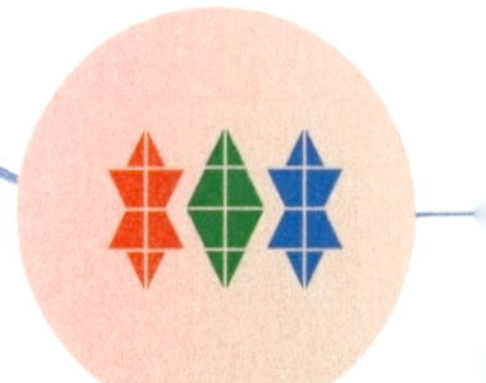

Das Vielfache von 20 und 25

Nr.	Aufgabe
1	$9 \cdot 20 - 100 =$
2	$6 \cdot 25 - 140 =$
3	$8 \cdot 25 - 93 =$
4	$7 \cdot 20 - 37 =$
5	$9 \cdot 20 - 102 =$
6	$7 \cdot 25 - 70 =$
7	$6 \cdot 25 - 50 =$
8	$4 \cdot 20 - 6 =$
9	$9 \cdot 25 - 165 =$
10	$6 \cdot 20 - 115 =$
11	$8 \cdot 20 - 135 =$
12	$7 \cdot 25 - 100 =$
13	$2 \cdot 25 - 30 =$
14	$5 \cdot 20 - 6 =$
15	$9 \cdot 25 - 105 =$
16	$3 \cdot 20 + 7 =$
17	$8 \cdot 25 - 160 =$
18	$8 \cdot 20 - 41 =$
19	$3 \cdot 25 + 12 =$
20	$4 \cdot 25 + 10 =$
21	$7 \cdot 20 - 26 =$
22	$6 \cdot 20 - 3 =$
23	$2 \cdot 20 - 3 =$
24	$5 \cdot 25 - 12 =$

Nr.	Aufgabe
1	$180 : 20 + 10 =$
2	$75 : 25 + 20 =$
3	$200 : 25 + 2 =$
4	$160 : 20 =$
5	$225 : 25 =$
6	$40 : 20 + 10 =$
7	$25 : 25 + 10 =$
8	$140 : 20 =$
9	$120 : 20 + 15 =$
10	$50 : 25 + 20 =$
11	$160 : 20 + 12 =$
12	$80 : 20 + 20 =$
13	$20 : 20 =$
14	$125 : 25 =$
15	$60 : 20 =$
16	$100 : 25 + 10 =$
17	$175 : 25 + 10 =$
18	$120 : 20 + 10 =$
19	$150 : 25 =$
20	$75 : 25 + 10 =$
21	$100 : 20 + 10 =$
22	$200 : 25 + 10 =$
23	$40 : 20 =$
24	$80 : 20 =$

ANTWORT = FELDZAHL

Das Einmaleins der 16 und 17

Nr.	Aufgabe	Lösung	Feld
		96	1
1	2 · 16 = 2 · 10 + 2 · 6 =	48	12
2	5 · 16 = 5 · 10 + 5 · 6 =	148	2
3	10 · 16 = 10 · 10 + 10 · 6 =	32	9
4	8 · 16 = 8 · 10 + 8 · 6 =	80	11
5	6 · 16 = 6 · 10 + 6 · 6 =	112	6
6	3 · 16 = 3 · 10 + 3 · 6 =	128	10
		160	8
		80	2
7	4 · 16 = 4 · 10 + 4 · 6 =	112	3
8	7 · 16 = 7 · 10 + 7 · 6 =	28	11
9	9 · 16 = 9 · 10 + 9 · 6 =	64	5
10	5 · 16 = 5 · 10 + 5 · 6 =	48	6
11	8 · 16 = 8 · 10 + 8 · 6 =	116	4
12	3 · 16 = 3 · 10 + 3 · 6 =	128	4
		144	7
		51	17
13	2 · 17 = 2 · 10 + 2 · 7 =	122	14
14	5 · 17 = 5 · 10 + 5 · 7 =	119	22
15	4 · 17 = 4 · 10 + 4 · 7 =	34	21
16	7 · 17 = 7 · 10 + 7 · 7 =	102	16
17	3 · 17 = 3 · 10 + 3 · 7 =	136	20
18	8 · 17 = 8 · 10 + 8 · 7 =	68	19
		85	23
		72	24
19	4 · 17 = 4 · 10 + 4 · 7 =	153	13
20	6 · 17 = 6 · 10 + 6 · 7 =	170	14
21	9 · 17 = 9 · 10 + 9 · 7 =	68	18
22	5 · 17 = 5 · 10 + 5 · 7 =	119	16
23	7 · 17 = 7 · 10 + 7 · 7 =	133	18
24	10 · 17 = 10 · 10 + 10 · 7 =	102	15
		85	24

17

ANTWORT = FELDZAHL

Nr.	Aufgabe
1	16 : 16 + 16 =
2	112 : 16 =
3	64 : 16 + 12 =
4	32 : 16 + 10 =
5	48 : 16 =
6	96 : 16 + 8 =
7	16 : 16 =
8	80 : 16 =
9	48 : 16 + 12 =
10	64 : 16 =
11	96 : 16 =
12	32 : 16 =
13	112 : 16 + 16 =
14	144 : 16 + 10 =
15	96 : 16 + 15 =
16	128 : 16 + 16 =
17	80 : 16 + 8 =
18	128 : 16 + 14 =
19	128 : 16 =
20	144 : 16 + 2 =
21	144 : 16 =
22	48 : 16 + 17 =
23	128 : 16 + 10 =
24	160 : 16 =

Nr.	Aufgabe
1	85 : 17 + 10 =
2	119 : 17 + 10 =
3	68 : 17 + 10 =
4	102 : 17 + 10 =
5	51 : 17 + 10 =
6	102 : 17 + 18 =
7	85 : 17 =
8	51 : 17 =
9	153 : 17 + 10 =
10	34 : 17 =
11	68 : 17 =
12	85 : 17 + 13 =
13	136 : 17 + 13 =
14	51 : 17 + 20 =
15	119 : 17 =
16	34 : 17 + 20 =
17	68 : 17 + 7 =
18	170 : 17 + 10 =
19	102 : 17 =
20	153 : 17 =
21	17 : 17 =
22	34 : 17 + 10 =
23	170 : 17 =
24	136 : 17 =

18 Das wird dich noch stärker machen!

Nr.	Aufgabe		*Lösung*	**Feld**
			3 · 10 + 3 · 6	**7**
1	8 · 17	=	3 · 10 + 3 · 7	**20**
2	3 · 16	=	8 · 10 + 8 · 6	**12**
3	5 · 17	=	8 · 10 + 8 · 7	**23**
4	8 · 16	=	(10 · 16) : 2	**21**
5	7 · 16	=	7 · 10 + 7 · 6	**16**
6	3 · 17	=	(10 · 17) : 2	**22**
			10 · 16 + 2	**13**
			2 · 10 + 2 · 6	**17**
7	6 · 17	=	2 · 10 + 2 · 7	**4**
8	2 · 16	=	6 · 10 + 6 · 6	**6**
9	7 · 17	=	6 · 10 + 6 · 7	**1**
10	9 · 16	=	10 · 16 – 16	**15**
11	6 · 16	=	7 · 10 + 7 · 7	**21**
12	5 · 17	=	(10 · 17) : 2	**14**
			(10 · 17) + 2	**19**
			3 · 10 + 3 · 6	**9**
13	4 · 17	=	3 · 10 + 3 · 7	**19**
14	3 · 17	=	4 · 10 + 4 · 6	**13**
15	9 · 16	=	10 · 17 – 16	**12**
16	9 · 17	=	10 · 16 – 16	**10**
17	4 · 16	=	10 · 16 – 17	**5**
18	3 · 16	=	4 · 10 + 4 · 7	**11**
			10 · 17 – 17	**24**
			7 · 10 + 7 · 6	**2**
19	7 · 16	=	7 · 10 + 7 · 7	**4**
20	5 · 16	=	8 · 10 + 8 · 6	**8**
21	8 · 17	=	8 · 10 + 8 · 7	**3**
22	8 · 16	=	(8 · 10) : 2	**9**
23	5 · 17	=	(10 · 16) : 2	**5**
24	7 · 17	=	(10 · 17) : 2	**18**
			10 · 17 – 17	**12**

ANTWORT = FELDZAHL

Nr.	Aufgabe
1	$5 \cdot 17 + 6 =$
2	$6 \cdot 17 + 15 =$
3	$8 \cdot 17 - 16 =$
4	$9 \cdot 16 - 40 =$
5	$4 \cdot 17 + 9 =$
6	$7 \cdot 16 + 6 =$
7	$68 : 17 + 11 =$
8	$4 \cdot 16 - 3 =$
9	$9 \cdot 17 - 70 =$
10	$7 \cdot 17 - 5 =$
11	$8 \cdot 16 - 30 =$
12	$102 : 17 + 10 =$
13	$85 : 17 + 2 =$
14	$6 \cdot 16 + 9 =$
15	$136 : 17 + 15 =$
16	$144 : 16 + 11 =$
17	$96 : 16 - 3 =$
18	$80 : 16 + 7 =$
19	$128 : 16 - 4 =$
20	$64 : 16 - 3 =$
21	$153 : 17 + 8 =$
22	$5 \cdot 16 + 2 =$
23	$119 : 17 + 7 =$
24	$112 : 16 - 1 =$

Nr.	Aufgabe
1	$136 : 17 =$
2	$160 : 16 =$
3	$144 : 16 + 2 =$
4	$112 : 16 =$
5	$7 \cdot 17 =$
6	$153 : 17 =$
7	$5 \cdot 16 + 13 =$
8	$6 \cdot 17 + 13 =$
9	$8 \cdot 16 - 20 =$
10	$3 \cdot 16 =$
11	$4 \cdot 17 =$
12	$119 : 17 + 15 =$
13	$6 \cdot 16 + 1 =$
14	$51 : 17 =$
15	$85 : 17 =$
16	$128 : 16 - 6 =$
17	$144 : 16 + 7 =$
18	$102 : 17 =$
19	$96 : 16 + 9 =$
20	$5 \cdot 17 + 1 =$
21	$9 \cdot 16 - 30 =$
22	$68 : 17 =$
23	$7 \cdot 16 - 3 =$
24	$170 : 17 + 7 =$

20 Das wird doch ein Spaziergang: Textaufgaben

1 Mariam spart monatlich 16€ für ein Tablet. Nach 5 Monaten fehlen ihr noch 7€. Wie viel Euro kostet das Tablet?

2 Herr Kovac kauft 5 Theaterkarten für je 17€. Wie viel Euro bezahlt er?

3 Paula hat Geburtstag. Sie bekommt von ihren 3 Tanten je 16€. 6€ davon gibt sie für Süßigkeiten aus. Wie viel Euro hat Paula noch?

4 16 Schüler zahlen für einen Ausflug je 7€. Wie viel Euro sind das insgesamt?

5 Juliane macht jeden Tag 17 Liegestütze. Wie viele macht sie in einer Woche?

6 Frau Fuchs will 4 Kochtöpfe für je 17€ kaufen. Sie hat 6€ zu wenig im Portmonee. Wie viel Euro hat sie?

7 Ein Geschäft hat am Vormittag zwischen 8 Uhr und 12 Uhr je Stunde durchschnittlich 16 Kundinnen und Kunden. Zwischen 12 Uhr und 13 Uhr kommen nur 3 Käufer. Wie viele Leute waren insgesamt im Geschäft?

8 Lisa macht Weihnachtseinkäufe. Sie kauft 4 Bücher für je 17€ und Süßigkeiten für 1€. Wie viel gibt sie insgesamt aus?

9 Eine Klasse mit 16 Schülern und Schülerinnen hat für eine Party schon 112€ gespart. Heute zahlt jeder Schüler noch einmal 10€. Wie viel hat jeder Schüler insgesamt bezahlt?

10 Herr Yao-Yun bekommt einen Stundenlohn von 16€. Wie viel Euro verdient er in 6 Stunden?

11 In einem Saal stehen 16 Reihen mit je 8 Stühlen. 10 Stühle sind schon besetzt. Wie viele Stühle sind noch frei?

12 4 Klassen wollen zusammen ins Schullandheim fahren. In jeder Klasse sind 17 Schüler. Wie viele Schüler sind es insgesamt?

13 Max und Anna machen mit dem Fahrrad einen Ausflug. Sie fahren in einer Stunde durchschnittlich 16 km. Wie viele Stunden brauchen sie für 48 km?

14 Sarina spart von Januar bis Mai monatlich 16€ und im Juni 17€. Wie viel Euro hat sie insgesamt gespart?

15 Eine Lehrerin kauft für ihre Klasse 17 Bücher. Sie bezahlt 85€. Wie viel Euro kostet ein Buch?

16 Eine Heftseite hat 16 Zeilen. Emma hat 64 Zeilen geschrieben. Wie viele Seiten sind das?

17 Auf einen Großparkplatz passen 119 Autos in 17 Reihen. Wie viele Parkplätze gibt es in jeder Reihe?

18 Eine Klasse mit 16 Schülern macht einen Ausflug. Die Buskosten betragen 96€. Wie viel Euro muss jeder Schüler bezahlen?

19 Herr Ebers verdient 16€ in der Stunde. Wie viele Stunden muss er arbeiten, um 128€ zu verdienen?

20 Ein kleiner Ort hat 16 Straßen und 144 Straßenlaternen, die gleichmäßig über die Straßen verteilt sind. Wie viele Laternen stehen in einer Straße?

21 Martas Mutter kauft ihr 6 T-Shirts für je 16€ und einen Gürtel für 11€. Wie viel Euro hat sie ausgegeben?

22 In einem Haus mit 16 gleichen Wohnungen sind insgesamt 32 Fenster zur Straße. Wie viele Fenster jeder Wohnung gehen zur Straße?

23 Miran und Tobi machen eine Fahrradtour. Sie fahren den 17 km langen Weg hin und wieder zurück. Wie viele km fahren sie insgesamt?

24 Herr Brenner ist mit seinem Auto in der vergangenen Woche an 6 Tagen je 17 km gefahren. Am Sonntag fuhr er nur 6 km. Wie viele Kilometer ist er insgesamt gefahren?

22 Das 1x1 der 18 und 19

	Aufgabe	Lösung	Feld
		36	9
1	$2 \cdot 18 = 2 \cdot 10 + 2 \cdot 8 =$	126	8
2	$5 \cdot 18 = 5 \cdot 10 + 5 \cdot 8 =$	90	11
3	$7 \cdot 18 = 7 \cdot 10 + 7 \cdot 8 =$	56	6
4	$3 \cdot 18 = 3 \cdot 10 + 3 \cdot 8 =$	54	10
5	$8 \cdot 18 = 8 \cdot 10 + 8 \cdot 8 =$	128	2
6	$6 \cdot 18 = 6 \cdot 10 + 6 \cdot 8 =$	144	1
		108	12
		162	3
7	$4 \cdot 18 = 4 \cdot 10 + 4 \cdot 8 =$	54	6
8	$9 \cdot 18 = 9 \cdot 10 + 9 \cdot 8 =$	180	4
9	$5 \cdot 18 = 5 \cdot 10 + 5 \cdot 8 =$	172	9
10	$7 \cdot 18 = 7 \cdot 10 + 7 \cdot 8 =$	90	7
11	$10 \cdot 18 = 10 \cdot 10 + 10 \cdot 8 =$	126	2
12	$3 \cdot 18 = 3 \cdot 10 + 3 \cdot 8 =$	74	10
		72	5
		133	23
13	$5 \cdot 19 = 5 \cdot 10 + 5 \cdot 9 =$	38	20
14	$7 \cdot 19 = 7 \cdot 10 + 7 \cdot 9 =$	114	19
15	$6 \cdot 19 = 6 \cdot 10 + 6 \cdot 9 =$	123	14
16	$3 \cdot 19 = 3 \cdot 10 + 3 \cdot 9 =$	171	17
17	$9 \cdot 19 = 9 \cdot 10 + 9 \cdot 9 =$	161	16
18	$2 \cdot 19 = 2 \cdot 10 + 2 \cdot 9 =$	95	21
		57	22
		76	24
19	$7 \cdot 19 = 7 \cdot 10 + 7 \cdot 9 =$	152	16
20	$10 \cdot 19 = 10 \cdot 10 + 10 \cdot 9 =$	57	13
21	$3 \cdot 19 = 3 \cdot 10 + 3 \cdot 9 =$	162	14
22	$4 \cdot 19 = 4 \cdot 10 + 4 \cdot 9 =$	136	19
23	$8 \cdot 19 = 8 \cdot 10 + 8 \cdot 9 =$	190	15
24	$6 \cdot 19 = 6 \cdot 10 + 6 \cdot 9 =$	114	14
		133	18

23

ANTWORT = FELDZAHL

1. 126 : 18 =
2. 54 : 18 + 20 =
3. 144 : 18 + 14 =
4. 90 : 18 + 15 =
5. 108 : 18 + 10 =
6. 36 : 18 + 10 =
7. 126 : 18 + 10 =
8. 18 : 18 =
9. 144 : 18 + 13 =
10. 90 : 18 + 10 =
11. 72 : 18 + 10 =
12. 108 : 18 =
13. 162 : 18 + 10 =
14. 126 : 18 + 4 =
15. 180 : 18 =
16. 144 : 18 =
17. 90 : 18 =
18. 162 : 18 =
19. 162 : 18 + 9 =
20. 54 : 18 + 10 =
21. 54 : 18 =
22. 72 : 18 + 20 =
23. 36 : 18 =
24. 72 : 18 =

1. 95 : 19 + 18 =
2. 114 : 19 + 13 =
3. 190 : 19 =
4. 133 : 19 + 17 =
5. 57 : 19 =
6. 57 : 19 + 17 =
7. 95 : 19 + 8 =
8. 133 : 19 + 10 =
9. 171 : 19 =
10. 76 : 19 =
11. 152 : 19 + 10 =
12. 76 : 19 + 10 =
13. 114 : 19 + 5 =
14. 133 : 19 =
15. 152 : 19 + 13 =
16. 76 : 19 + 8 =
17. 19 : 19 =
18. 38 : 19 + 20 =
19. 38 : 19 =
20. 171 : 19 – 4 =
21. 95 : 19 + 10 =
22. 152 : 19 =
23. 114 : 19 =
24. 114 : 19 + 10 =

24

So rechnest du richtig

		Lösung	Feld
		3 · 10 + 3 · 8	15
1	9 · 18 =	3 · 10 + 3 · 9	7
2	7 · 19 =	7 · 10 + 7 · 8	20
3	3 · 19 =	7 · 10 + 7 · 9	16
4	3 · 18 =	9 · 10 + 9 · 8	14
5	9 · 19 =	(10 · 18) : 2	8
6	5 · 19 =	(10 · 19) : 2	17
		10 · 19 – 19	6
		2 · 10 + 2 · 8	3
7	6 · 18 =	2 · 10 + 2 · 9	5
8	4 · 18 =	4 · 10 + 4 · 8	2
9	4 · 19 =	4 · 10 + 4 · 9	12
10	9 · 19 =	6 · 10 + 6 · 8	4
11	2 · 18 =	6 · 10 + 6 · 9	9
12	2 · 19 =	(10 · 19) : 2	10
		10 · 19 – 19	1
		6 · 10 + 6 · 8	24
13	5 · 19 =	6 · 10 + 6 · 9	10
14	9 · 18 =	8 · 10 + 8 · 8	21
15	6 · 18 =	8 · 10 + 8 · 9	19
16	8 · 18 =	8 · 10 + 9 · 9	11
17	6 · 19 =	10 · 18 – 18	22
18	8 · 19 =	(10 · 19) · 2	13
		(10 · 19) : 2	20
		3 · 10 + 3 · 8	13
19	3 · 19 =	3 · 10 + 3 · 9	11
20	7 · 18 =	6 · 10 + 6 · 8	16
21	7 · 19 =	6 · 10 + 6 · 9	9
22	5 · 18 =	7 · 10 + 7 · 8	8
23	6 · 19 =	7 · 10 + 7 · 9	18
24	3 · 18 =	10 · 18 – 18	4
		(10 · 18) : 2	23

25

Weißt du den Weg?

ANTWORT = FELDZAHL

18 km HIERHIN

Nr.	Aufgabe
1	5 · 19 – 90 =
2	6 · 18 + 1 =
3	8 · 19 – 40 =
4	9 · 18 – 72 =
5	4 · 19 – 1 =
6	5 · 18 – 40 =
7	6 · 19 + 1 =
8	4 · 18 + 11 =
9	9 · 19 – 60 =
10	8 · 18 – 140 =
11	7 · 19 – 13 =
12	7 · 18 – 70 =
13	95 : 19 + 12 =
14	108 : 18 – 5 =
15	152 : 19 + 13 =
16	162 : 18 – 3 =
17	76 : 19 + 3 =
18	90 : 18 + 17 =
19	114 : 19 + 14 =
20	72 : 18 + 19 =
21	171 : 19 =
22	144 : 18 + 6 =
23	133 : 19 + 5 =
24	126 : 18 + 3 =

DORTHIN 19 km

Nr.	Aufgabe
1	6 · 18 + 1 =
2	2 · 18 + 3 =
3	5 · 18 =
4	2 · 19 =
5	57 : 19 + 20 =
6	108 : 18 + 10 =
7	6 · 19 + 3 =
8	171 : 19 + 10 =
9	5 · 19 – 30 =
10	7 · 18 – 6 =
11	126 : 18 + 13 =
12	6 · 19 + 4 =
13	4 · 18 + 1 =
14	54 : 18 =
15	90 : 18 =
16	3 · 19 – 7 =
17	162 : 18 =
18	114 : 19 =
19	7 · 18 – 20 =
20	133 : 19 =
21	8 · 18 – 37 =
22	72 : 18 =
23	152 : 19 =
24	6 · 18 =

Textaufgaben

1 Franzi bekommt monatlich 18€ Taschengeld.
Sie spart ein halbes Jahr lang und gibt nur 1€ aus.
Wie viel Euro hat sie gespart?

2 Durch einen Wasserhahn fließen je Minute 19l Wasser in ein Becken.
Das Becken fasst 133l.
Wie viele Minuten dauert es, bis das Becken voll ist?

3 3 Geschwister wollen zusammen ein Videospiel kaufen.
Jedes von ihnen zahlt 19€, der Vater gibt ihnen noch 1€ dazu.
Wie viel Euro kostet das Videospiel?

4 Ein Auto fährt in 1 Sekunde 18 Meter.
Wie viele Meter fährt es in 6 Sekunden?

5 An einer großen Haltestelle stehen Busse. In jedem Bus sitzen 19 Fahrgäste, insgesamt sind es 57 Personen.
Wie viele Busse stehen an der Haltestelle?

6 Ein Koch hat 144€. Er soll dafür Lebensmittel für 18 Mahlzeiten kaufen.
Wie viel Euro darf er für jede Mahlzeit ausgeben?

7 Ein Lehrer unterrichtet in 4 Klassen mit je 18 Schülern.
Außerdem hat er noch einen Nachhilfeschüler.
Wie viele Schüler hat der Lehrer insgesamt?

8 In einem Heim wohnen 18 Kinder. Die Heimleiterin verteilt 90 Äpfel.
Wie viele Äpfel bekommt jedes Kind?

9 Tine fährt mit dem Fahrrad pro Stunde durchschnittlich 19 Kilometer.
Wie viele Kilometer fährt sie in 3 Stunden?

10 Familie Beer hat einen quadratischen Garten. Jede Seite ist 19 m lang.
Frau Beer will um den Garten einen Zaun bauen.
Wie viele Meter Zaun muss Frau Beer kaufen?

11 Yusuf hilft seinem Onkel beim Reparieren von dessen Auto.
Dafür bekommt er jeden Tag 18€.
Wie viel Euro bekommt er in 3 Tagen?

12 Li hat 38 Lieblingslieder auf ihr Tablet geladen. Sie stellt jeweils 19 Lieder auf einer Play-Liste zusammen. Wie viele Play-Listen erstellt Li?

ANTWORT = FELDZAHL

13 Isabella kauft in einem Geschäft 5 Tops. Sie kosten je 19€.
Wie viel Euro gibt Isabella aus?

14 Eine Klasse mit 18 Schülerinnen und Schülern will eine Party feiern.
Jeder Schüler bezahlt dafür 6€, die Lehrerin gibt 7€ dazu.
Wie viel Euro sind das insgesamt?

15 Herr Saam fährt wöchentlich an 5 Tagen zur Arbeit. Die tägliche Fahrstrecke beträgt 19 Kilometer. In dieser Woche fuhr er außerdem noch 22 Kilometer zum Einkaufen. Wie viele Kilometer fuhr Herr Saam in dieser Woche?

16 Dana wünscht sich 4 Videos. Jedes Video kostet 18€.
Wie viel kosten die Videos insgesamt?

17 Ein Schwimmbecken wird mit Wasser gefüllt.
Durch 5 Wasserhähne fließen in 1 Minute je 18l Wasser, durch einen weiteren Hahn fließen pro Minute 19l Wasser.
Wie viele Liter fließen pro Minute in das Becken?

18 Lara legt je 6 Stifte in 19 Schachteln. 4 Stifte bleiben übrig.
Wie viele Stifte hatte Lara?

19 Denis bekommt monatlich 19€ Taschengeld.
Nach 7 Monaten kauft er ein Videospiel für 23€.
Wie viel Euro hat er noch übrig?

20 18 Schüler legen Geld für ein Geburtstagsgeschenk zusammen.
Jeder gibt 8 Euro. Nach dem Kauf des Geschenkes haben sie jedoch 31 Euro übrig. Wie teuer war das Geschenk?

21 Ein Lieferwagen braucht für 100 km durchschnittlich 19l Benzin.
Herr Alt fährt diesmal langsamer und hat nach 500 km Fahrt insgesamt 8l Benzin eingespart. Wie viel Liter hat er für die Fahrt gebraucht?

22 Eine Mutter kauft 7 Tüten mit je 18 Bonbons. Sie gibt den Kindern 10 Stück.
Wie viele Bonbons sind noch übrig?

23 Ein Buchhändler verkauft 19 Bücher für je 6€.
Wie viel Euro hat er eingenommen?

24 Herr Kempa kauft 9 Rollen Tapete für 18€. 50€ bezahlt er sofort.
Den Rest will er am nächsten Tag bringen.
Wie viel Euro muss Herr Kempa noch bezahlen?

28 Das kannst du im Schlaf: Rechnen mit großen Zahlen

Nr.					Lösung	Feld
1	100	·	100	=	tausend	16
2	10	·	100	=	zehntausend	14
3	10	·	1 000 000	=	1 Million	15
4	1 000	·	1 000	=	10 Millionen	7
5	1 000	·	1 000 000	=	1 Milliarde	6
6	10	·	1 000 000 000	=	10 Milliarden	17
7	10 000	:	100	=	hundert	4
8	1 000 000 000	:	100	=	tausend	3
9	1 000 000 000	:	1 000	=	zehntausend	1
10	1 000 000	:	100	=	1 Million	12
11	10 000	:	10	=	10 Millionen	2
12	1 000 000 000	:	10	=	100 Millionen	5
13	50	·	500	=	50	10
14	5 000	·	100	=	25 000	20
15	5 000 000	:	100	=	50 000	24
16	50 000	·	1 000	=	500 000	22
17	50 000	:	1 000	=	50 000 000	21
18	1 000 000	·	500	=	500 000 000	19
19	100 000	:	1 000	=	100	11
20	10 000	·	40	=	3 000	23
21	100	·	6 000 000	=	400 000	8
22	3 000 000	:	1 000	=	1 000 000	13
23	1 000 000	·	6 000	=	600 000 000	18
24	1 000 000 000	:	1 000	=	6 000 000 000	9

Greif nach den Sternen!

ANTWORT = FELDZAHL

	Aufgabe	Lösung	Feld
1	8 · 17 =	52	21
2	9 · 16 =	80	17
3	7 · 18 =	104	13
4	9 · 17 =	105	14
5	8 · 15 =	126	4
6	7 · 14 =	108	15
7	6 · 16 =	152	12
8	8 · 19 =	119	11
9	6 · 19 =	102	23
10	9 · 18 =	144	1
11	7 · 17 =	136	5
12	7 · 16 =	120	10
13	7 · 19 =	91	22
14	7 · 15 =	96	8
15	6 · 14 =	84	16
16	5 · 16 =	99	24
17	9 · 13 =	114	3
18	6 · 18 =	95	20
19	5 · 19 =	133	18
20	6 · 17 =	112	7
21	4 · 13 =	117	19
22	8 · 13 =	98	2
23	9 · 11 =	153	6
24	7 · 13 =	162	9

	Aufgabe
1	126 : 14 − 2 =
2	153 : 17 =
3	171 : 19 + 3 =
4	144 : 18 =
5	65 : 13 =
6	152 : 19 + 2 =
7	78 : 13 − 3 =
8	102 : 17 − 5 =
9	84 : 14 + 5 =
10	108 : 18 =
11	84 : 12 − 5 =
12	90 : 15 − 2 =
13	108 : 12 + 10 =
14	96 : 16 + 15 =
15	136 : 17 + 15 =
16	144 : 18 + 12 =
17	120 : 15 + 7 =
18	76 : 19 + 20 =
19	144 : 16 + 7 =
20	128 : 16 + 5 =
21	105 : 15 + 10 =
22	98 : 14 + 15 =
23	72 : 18 + 10 =
24	136 : 17 + 10 =

			Lösung	Feld
1	8 · 17	=	32	5
2	10 · 16	=	117	1
3	9 · 18	=	52	13
4	5 · 15	=	54	8
5	7 · 19	=	57	6
6	6 · 19	=	133	17
7	3 · 17	=	95	18
8	9 · 13	=	84	23
9	7 · 12	=	85	11
10	3 · 19	=	90	3
11	6 · 18	=	91	21
12	6 · 15	=	75	20
13	9 · 19	=	104	22
14	8 · 13	=	160	9
15	5 · 17	=	112	16
16	3 · 18	=	114	10
17	4 · 16	=	51	4
18	8 · 18	=	120	2
19	8 · 14	=	64	15
20	4 · 13	=	136	7
21	2 · 16	=	144	24
22	7 · 13	=	108	14
23	8 · 15	=	162	12
24	5 · 19	=	171	19

1	162 : 18	=
2	144 : 16 + 32 : 16	=
3	104 : 13	=
4	84 : 14 + 56 : 14	=
5	114 : 19 – 5	=
6	120 : 15 + 60 : 15	=
7	85 : 17	=
8	57 : 19	=
9	91 : 13	=
10	136 : 17 – 6	=
11	60 : 15	=
12	108 : 18	=
13	102 : 17 + 15	=
14	133 : 19 + 16	=
15	144 : 16 + 10	=
16	32 : 16 + 20	=
17	117 : 13 + 104 : 13	=
18	112 : 14 + 12	=
19	190 : 19 + 152 : 19	=
20	136 : 17 + 119 : 17	=
21	144 : 18 + 90 : 18	=
22	72 : 18 + 20	=
23	171 : 19 + 133 : 19	=
24	96 : 12 + 72 : 12	=

ANTWORT = FELDZAHL

BUNT GEMISCHTE ÜBUNGEN

... und Quadratzahlen

31

Nr.	Aufgabe	
1	17 · 7 – 100	=
2	128 : 16 + 13	=
3	120 : 15 + 16	=
4	9 · 12 – 100	=
5	7 · 15 – 100	=
6	126 : 18 + 15	=
7	95 : 19 + 10	=
8	19 · 7 – 120	=
9	162 : 18 + 2	=
10	152 : 19 + 10	=
11	17 · 6 – 100	=
12	114 : 19 + 10	=
13	98 : 14	=
14	171 : 19	=
15	136 : 17 + 15	=
16	8 · 15 – 100	=
17	17 · 9 – 150	=
18	16 · 7 – 100	=
19	119 : 17 – 3	=
20	13 · 7 – 90	=
21	9 · 13 – 100	=
22	153 : 17 + 1	=
23	19 · 6 – 100	=
24	90 : 15	=

ANTWORT = FELDZAHL

Nr.	Aufgabe		Lösung	Feld
			169	11
1	20^2	=	324	21
2	16^2	=	121	4
3	13^2	=	196	9
4	12^2	=	400	8
5	25^2	=	256	10
6	14^2	=	144	7
			625	23
			256	24
7	17^2	=	121	22
8	19^2	=	144	17
9	15^2	=	324	20
10	16^2	=	289	21
11	18^2	=	196	1
12	11^2	=	361	19
			225	12
			19^2	3
13	144	=	14^2	16
14	361	=	20^2	18
15	225	=	15^2	5
16	256	=	16^2	2
17	196	=	12^2	1
18	121	=	17^2	16
			11^2	6
			25^2	15
19	625	=	13^2	4
20	324	=	20^2	13
21	256	=	12^2	23
22	169	=	19^2	17
23	400	=	16^2	18
24	361	=	17^2	8
			18^2	14

32 Die große Meisterschaft

Nr.	Lösung		Aufgabe		Feld
			7 · 13	=	11
1	128	=	9 · 19	=	6
2	144	=	12 · 12	=	1
3	171	=	6 · 17	=	4
4	102	=	8 · 16	=	3
5	91	=	9 · 15	=	22
6	169	=	14 · 14	=	24
			13 · 13	=	2
			16 · 16	=	9
7	126	=	8 · 19	=	10
8	153	=	8 · 12	=	21
9	104	=	8 · 13	=	5
10	361	=	8 · 14	=	14
11	133	=	7 · 19	=	16
12	105	=	9 · 18	=	23
			9 · 14	=	7
			11 · 11	=	13
13	256	=	7 · 15	=	8
14	121	=	9 · 17	=	15
15	80	=	8 · 17	=	20
16	152	=	19 · 19	=	12
17	85	=	7 · 12	=	18
18	84	=	5 · 16	=	17
			5 · 17	=	19
			6 · 18	=	20
19	108	=	3 · 17	=	21
20	51	=	4 · 18	=	15
21	289	=	17 · 17	=	23
22	112	=	18 · 18	=	24
23	135	=	15 · 15	=	16
24	324	=	8 · 15	=	14
			9 · 15	=	22

Nr.	Lösung		Aufgabe		Feld
			7 · 17	=	12
1	104	=	16 · 16	=	7
2	256	=	8 · 13	=	17
3	112	=	9 · 14	=	5
4	119	=	8 · 15	=	11
5	117	=	3 · 17	=	24
6	289	=	6 · 12	=	13
			8 · 14	=	16
			8 · 16	=	6
7	98	=	9 · 17	=	19
8	324	=	18 · 18	=	5
9	144	=	14 · 14	=	22
10	105	=	6 · 14	=	14
11	128	=	7 · 14	=	1
12	171	=	9 · 19	=	2
			8 · 18	=	15
			9 · 25	=	23
13	225	=	19 · 19	=	13
14	108	=	7 · 25	=	21
15	175	=	9 · 12	=	19
16	51	=	7 · 15	=	4
17	361	=	9 · 13	=	3
18	196	=	6 · 20	=	11
			4 · 19	=	17
			8 · 12	=	18
19	152	=	7 · 13	=	1
20	120	=	8 · 19	=	8
21	625	=	9 · 15	=	20
22	135	=	7 · 18	=	7
23	96	=	8 · 17	=	10
24	136	=	25 · 25	=	9
			17 · 17	=	14